‖ 安洋 编著 ‖

当日新娘经典发型100例

人民邮电出版社

北京

图书在版编目（CIP）数据

当日新娘经典发型100例 / 安洋编著. -- 北京：人
民邮电出版社，2016.9
ISBN 978-7-115-42993-3

Ⅰ．①当… Ⅱ．①安… Ⅲ．①女性－发型－设计
Ⅳ．①TS974.21

中国版本图书馆CIP数据核字(2016)第174646号

内 容 提 要

本书精选100款当日新娘发型，分为白纱发型、晚礼发型和中式发型三大类。其中白纱发型包括浪漫新娘白纱发型、唯美新娘白纱发型、高贵新娘白纱发型和复古新娘白纱发型，晚礼发型包括典雅新娘晚礼发型、俏丽新娘晚礼发型和高贵新娘晚礼发型，中式发型包括喜庆旗袍新娘发型、古典秀禾新娘发型和龙凤褂新娘发型。本书将每款发型通过图例与步骤说明相对应的形式进行讲解，分析详尽，风格多样，手法全面，力求全方位地进行展示，并对每个案例进行了造型提示，使读者能够更好地掌握造型方法并获得创作灵感。

本书适合新娘跟妆师阅读，同时也可供相关培训机构的学员参考使用。

♦　编　著　　安　洋
　　责任编辑　　赵　迟
　　责任印制　　陈　犇

♦　人民邮电出版社出版发行　　北京市丰台区成寿寺路 11 号
　　邮编　100164　　电子邮件　315@ptpress.com.cn
　　网址　http://www.ptpress.com.cn
　　北京盛通印刷股份有限公司印刷

♦　开本：889×1194　1/16
　　印张：14
　　字数：510 千字　　　　　　　　2016 年 9 月第 1 版
　　印数：1 – 2 800 册　　　　　　2016 年 9 月北京第 1 次印刷

定价：98.00 元
读者服务热线：(010)81055410　印装质量热线：(010)81055316
反盗版热线：(010)81055315
广告经营许可证：京东工商广字第 8052 号

前言

　　新娘化妆造型是化妆造型领域从业人数最多的一项，其中新娘跟妆又是比重较大的部分。新娘发型会随着潮流的变化而变化，有些新娘跟妆师会将所谓的流行发型用在每一位客户身上。对于这个时尚、前沿的行业来说，流行无疑是我们要追求的，但一定要有所取舍，保留精髓部分，把一些不适合的东西剔除，这样才能设计出最适合新娘本人的发型。

　　在这里，我们要探讨一个很重要的问题：究竟是流行重要还是适合重要。在这个问题上，我们要从多个层面考虑。首先，如果流行的发型刚好适合新娘自身的特点，又符合新娘及其家人的审美，那是最好的。第二，并非每个人的外形都是完美的，发型要对新娘的美起到提升作用，我们应该在保留流行元素的基础上做细节调整，利用发型对新娘的脸形、五官等进行修饰。第三，每个人的审美不同，造型师认为最好的并不一定是新娘喜欢的，我们所设计的发型不但要弥补新娘外形的不足，同时还要满足新娘的审美需求。其实要做到上面三点并不复杂。对于新娘跟妆师来说，所掌握发型的数量非常重要，有了足够的储备，在与客人沟通的时候便能了解其需求，并根据客人自身的情况和流行的趋势选择最合适的发型。掌握足够多的发型后为客人服务，就好比在一个图书馆里选择想要的图书那么简单。

　　本书汇集了 100 款当日新娘发型，基本涵盖了当日新娘会用到的发型类别。作者在挑选书中的发型时，以满足不同客户的需求为出发点，更多地考虑了全面性的问题，而不是一味地追求某一种造型感觉。另外，当日新娘发型的饰品也尤为重要，书中的发型所搭配的饰品可以为读者提供整体感觉的借鉴。我们要学会变通，以较为开阔的眼光看待问题，从而达到最佳的学习效果。

　　感谢参与本书编写的每一位工作人员，最后感谢人民邮电出版社的编辑孟飞老师和赵迟老师对本书出版工作的大力支持。

当日新娘白纱发型

浪漫新娘白纱发型 (012)
浪漫新娘白纱发型 (014)
浪漫新娘白纱发型 (016)
浪漫新娘白纱发型 (018)
浪漫新娘白纱发型 (020)

浪漫新娘白纱发型 (022)
浪漫新娘白纱发型 (024)
浪漫新娘白纱发型 (026)
浪漫新娘白纱发型 (028)
浪漫新娘白纱发型 (030)

浪漫新娘白纱发型 (032)
浪漫新娘白纱发型 (034)
浪漫新娘白纱发型 (036)
浪漫新娘白纱发型 (038)
浪漫新娘白纱发型 (040)

浪漫新娘白纱发型 (042)
浪漫新娘白纱发型 (044)
浪漫新娘白纱发型 (046)
浪漫新娘白纱发型 (048)
唯美新娘白纱发型 (050)

唯美新娘白纱发型 (052)
唯美新娘白纱发型 (054)
唯美新娘白纱发型 (056)
唯美新娘白纱发型 (058)
唯美新娘白纱发型 (060)

唯美新娘白纱发型 (062)
唯美新娘白纱发型 (064)
唯美新娘白纱发型 (066)
唯美新娘白纱发型 (068)
唯美新娘白纱发型 (070)

唯美新娘白纱发型 (072)
唯美新娘白纱发型 (074)
唯美新娘白纱发型 (076)
唯美新娘白纱发型 (078)
唯美新娘白纱发型 (080)

唯美新娘白纱发型 (082)
唯美新娘白纱发型 (084)
高贵新娘白纱发型 (086)
高贵新娘白纱发型 (088)
高贵新娘白纱发型 (090)

高贵新娘白纱发型 (092)
高贵新娘白纱发型 (094)
高贵新娘白纱发型 (096)
高贵新娘白纱发型 (098)
高贵新娘白纱发型 (100)

高贵新娘白纱发型 (102)
高贵新娘白纱发型 (104)
高贵新娘白纱发型 (106)
高贵新娘白纱发型 (108)
高贵新娘白纱发型 (110)

高贵新娘白纱发型 (112)　高贵新娘白纱发型 (114)　高贵新娘白纱发型 (116)　高贵新娘白纱发型 (118)　高贵新娘白纱发型 (120)

高贵新娘白纱发型 (122)　高贵新娘白纱发型 (124)　复古新娘白纱发型 (126)　复古新娘白纱发型 (128)　复古新娘白纱发型 (130)

复古新娘白纱发型 (132)　复古新娘白纱发型 (134)　复古新娘白纱发型 (136)　复古新娘白纱发型 (138)　复古新娘白纱发型 (140)

复古新娘白纱发型 (142)　复古新娘白纱发型 (144)　复古新娘白纱发型 (146)　复古新娘白纱发型 (148)　复古新娘白纱发型 (150)

复古新娘白纱发型 (152)　复古新娘白纱发型 (154)　复古新娘白纱发型 (156)　复古新娘白纱发型 (158)　复古新娘白纱发型 (160)

当日新娘晚礼发型

复古新娘白纱发型 (162)

复古新娘白纱发型 (164)

典雅新娘晚礼发型 (168)

典雅新娘晚礼发型 (170)

典雅新娘晚礼发型 (172)

典雅新娘晚礼发型 (174)

俏丽新娘晚礼发型 (176)

俏丽新娘晚礼发型 (178)

俏丽新娘晚礼发型 (180)

俏丽新娘晚礼发型 (182)

俏丽新娘晚礼发型 (184)

高贵新娘晚礼发型 (186)

高贵新娘晚礼发型 (188)

高贵新娘晚礼发型 (190)

高贵新娘晚礼发型 (192)

当日新娘中式发型

高贵新娘晚礼发型 (194)

高贵新娘晚礼发型 (196)

喜庆旗袍新娘发型 (200)

喜庆旗袍新娘发型 (202)

喜庆旗袍新娘发型 (204)

喜庆旗袍新娘发型 (206)

古典秀禾新娘发型 (208)

古典秀禾新娘发型 (210)

龙凤褂新娘发型 (212)

龙凤褂新娘发型 (214)

当日新娘白纱发型

BRIDE HAIRSTYLE

浪漫新娘
白纱发型

ONE HUNDRED

处理此款造型首先需要注意的是刘海的层次
感，刘海应呈现饱满而不光滑死板的感觉，
要有发丝的灵动呈现。另外还要注意后垂头
发的饱满度和立体感。

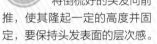
STEP BY STEP

01 用尖尾梳将刘海区的头发进行倒梳，使其更具有层次感。

02 将倒梳好的头发向前推，使其隆起一定的高度并固定，要保持头发表面的层次感。

03 将左侧发区的头发向后发区方向扭转。

04 将扭转好的头发在后发区固定。

05 将右侧发区的头发同样向后发区方向扭转。

06 将扭转好的头发在后发区固定。

07 继续将两侧发区的头发固定在后发区，并将其叠加在一起。

08 在后发区下方的两侧取头发，向下进行四股辫编发，在后发区下方固定。

09 将后发区垂落的头发向下扣卷。

10 将扣卷好的头发在后发区固定。

11 在头顶位置佩戴饰品，装饰造型。

12 在后发区佩戴饰品，装饰造型。

浪漫新娘
白纱发型

此款造型要注意刘海区与两侧发区的造型层次感的衔接，充分将用尖尾梳倒梳出层次和用发胶定型完美结合，使层次感更加自然生动。

STEP BY STEP

01 在头顶位置佩戴饰品，装饰造型。

02 用电卷棒将刘海区的头发烫卷。

03 用电卷棒将两侧发区的头发烫卷。

04 将刘海区的头发向上提拉并用尖尾梳进行倒梳。

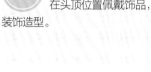

05 将两侧发区的头发向后提拉并用尖尾梳进行倒梳，使其更具有层次感。

06 倒梳的时候注意调整发丝走向，使其更具有纹理感。

07 对头发进行适当的喷胶定型。

08 将两侧发区的头发调整出层次后在后发区固定。

09 将后发区剩余的头发进行扭转。

10 将扭转好的头发在后发区固定。

11 用尖尾梳再次对刘海区的头发进行倒梳，使其层次感更加丰富。

12 对头发进行细致的喷胶定型。

BRIDE HAIRSTYLE

浪漫新娘
白纱发型

ONE HUNDRED

将此款造型后发区的头发向上翻卷时，要将
两侧的头发向中间适当收紧，使其呈现中间
低、两边高的饱满弧度。

01 将刘海区的头发进行中分并梳理光滑。

02 将两侧发区的头发向后发区进行扭转并固定。

03 继续从后发区两侧取头发,将其收紧,扭转并固定。

04 将后发区剩余的头发向上进行翻卷。

05 将翻卷好的头发在后发区固定。

06 在头顶位置佩戴饰品,装饰造型。

07 继续在头顶偏后的位置佩戴饰品,进行装饰。

08 在后发区下方造型结构衔接处佩戴饰品,进行装饰。

浪漫新娘
白纱发型

此款造型应注意不要将造型处理得过于光滑，
而是要呈现一定的层次感，使其更加具有浪
漫的气息，细节的层次可以用尖尾梳的尾端
进行调整。

01 在头顶位置佩戴皇冠，装饰造型。

02 将刘海区的头发向后调整出层次，对皇冠进行适当遮挡。

03 从两侧发区取头发，在头顶位置松散地固定。将发尾收理好，在头顶位置固定。

04 将右侧发区的头发向上扭转，在后发区固定。

05 固定之后将剩余的发尾收拢并在后发区固定。

06 将左侧发区的头发在后发区固定。

07 将后发区左侧的头发松散地扭转后在后发区固定，将发尾向上打卷并固定。

08 将后发区右侧剩余的头发向上打卷并固定。

09 继续从后发区取头发，向上打卷并固定。

10 将后发区剩余的头发在后发区左侧向上提拉，打卷并固定。

11 用尖尾梳的尾端调整头发表面的层次。

12 继续佩戴饰品，对造型进行点缀。

此款造型应注意将头发分层向上固定时不要收得过紧，而是要保留空间感，使造型轮廓更加饱满。尤其要注意用后发区的头发使后发区的造型轮廓更加饱满。

01 在头顶偏左侧的位置佩戴饰品。

02 将刘海区的头发适当调整出层次感。

03 将右侧发区的头发向顶区拉并固定。

04 将左侧发区的头发扭转并调整出层次感。

05 将左侧发区的头发在头顶位置固定。

06 在顶区将剩余的发尾调整出层次感并在顶区固定。

07 固定之后用手将发丝撕拉出更丰富的层次。

08 在后发区右侧取一片头发，进行扭转并在顶区固定。

09 继续将后发区右侧的头发向上提拉并扭转，在顶区固定。

10 将后发区剩余的头发向上自然提拉。

11 将提拉好的头发在顶区固定并调整出层次感。

此款造型佩戴的饰品除了能起到装饰造型，弥补造型缺陷的作用，同时还能均衡造型，使造型更具有平衡感。另外发丝层次要飘逸自然。要从各角度观察并调整造型，使造型结构饱满自然。

STEP BY STEP

01 将刘海区的头发倒梳并对层次进行调整。

02 将调整好的发尾收拢，在左侧发区固定。

03 将后发区的头发向左侧提拉，扭转并固定。

04 将右侧发区和部分后发区的头发向顶区提拉并扭转。

05 将扭转好的头发在顶区固定。

06 将后发区剩余的头发向上提拉并进行倒梳，在头顶位置固定。

07 在右侧发区至额头的位置佩戴饰品，装饰造型。

08 造型完成。

BRIDE HAIRSTYLE
浪漫新娘
白纱发型
ONE HUNDRED

此款造型表面光滑，但打卷并固定的时候不要收得过紧，造型轮廓饱满自然。在利用多种材质的饰品相互结合装饰造型时，注意要构成整体感，而不是胡乱堆砌。

01 用鸭嘴夹辅助将刘海区的头发调整出弧度。

02 将调整好的头发在右侧耳后位置固定。

03 将部分头发在后发区向上翻卷。

04 将翻卷的头发调整好轮廓并固定。

05 在左侧发区取头发，向后发区右侧扭转并固定。

06 将固定之后剩余的发尾进行打卷并在后发区固定。

07 将后发区剩余的头发在后发区右侧固定。

08 将剩余的发尾打卷并固定。

09 将一根发带从后向前缠绕，在头顶位置打结。

10 将发带整理出蝴蝶结的效果。

11 继续佩戴饰品，装饰造型。

12 在头顶位置佩戴网纱，进行装饰。

饰品在造型时能起到非常重要的作用。此款造型利用刘海的翻卷提升了造型的高度，饰品的佩戴使造型左右两侧均衡，使造型在浪漫的同时带有高贵感。

01 将刘海区的头发在额头右侧向上翻卷。

02 将翻卷好的头发固定。

03 将右侧发区的头发向上提拉并打卷。

04 将打好的卷固定。

05 将左侧发区的头发向上提拉，扭转并固定。

06 将后发区的头发向上提拉，扭转并固定，将其收紧。

07 在头顶左侧佩戴饰品，装饰造型。

08 继续佩戴造型帽，对造型进行装饰。

BRIDE HAIRSTYLE
浪漫新娘
白纱发型
ONE HUNDRED

此款造型应注意在固定每一片头发后要适当
将头发撕扯出一定的层次感，尤其是要将刘
海区和两侧发区的发丝处理出自然的纹理。

01 在头顶位置将刘海区的头发调整出层次并固定。

02 在左侧发区取部分头发,调整出层次后在头顶位置固定。

03 继续在左侧发区取头发,调整出层次后在头顶位置固定。

04 在右侧发区取头发,用手将其调整出层次并固定。

05 在后发区右侧取头发,在顶区固定并调整出层次。

06 在后发区左侧取头发,提拉至顶区,调整出层次并固定。

07 将后发区右侧的头发向左侧拉并调整出层次感。

08 将调整好层次的头发向上提拉并固定。

09 将后发区左侧的头发向右侧拉并调整出层次感。

10 调整好层次后将头发向上提拉并固定。

11 在头顶位置佩戴饰品,装饰造型。

12 在造型左右两侧分别侧佩戴造型花,装饰造型。

BRIDE HAIRSTYLE

浪漫新娘
白纱发型

ONE HUNDRED

在此款造型中，饰品佩戴要注意整体的协调
感，造型帽与造型花在色彩和质感上相互辉
映，用发丝对造型帽适当遮挡，使造型更具
有整体感，饰品与造型也不会脱节。

01 在头顶左侧佩戴造型帽,进行装饰。

02 将两侧发区的头发保留,将剩余的头发在后发区扎马尾。

03 将马尾中的头发向上打卷。

04 将打好的卷在后发区固定。

05 在右侧发区取部分头发,向后发区自然扭转并固定。

06 在头顶位置取部分头发,向上提拉并倒梳,调整好层次后覆盖在帽子上。

07 将右侧发区的头发向后发区方向调整层次。

08 将调整好层次的头发在后发区固定。

09 将左侧发区的头发向上扭转并在后发区固定。

10 固定之后将头发表面调整出层次感。

11 在帽子后方佩戴造型花,装饰造型。

12 在右侧发区佩戴造型花,装饰造型。

BRIDE HAIRSTYLE

浪漫新娘
白纱发型

ONE HUNDRED

此款造型利用饰品在后发区装饰，弥补造型
轮廓的缺陷，使造型轮廓更加饱满。另外，
刘海区的头发可利用蛋糕夹打造弯度。

从后发区左侧取头发，向右侧提拉，扭转并固定。

从后发区右侧取头发，向左侧提拉，扭转并固定。

从后发区下方取部分头发，向上打卷并固定。

将后发区剩余的头发向上打卷并在后发区下方固定。

将固定后剩余的发尾向上打卷并固定。

在头顶靠近额头的位置佩戴饰品。

将饰品两端固定后，将饰品两端的丝带在后发区的下方系蝴蝶结。

在后发区左右两侧分别佩戴造型花，装饰造型。

BRIDE HAIRSTYLE
浪漫新娘
白纱发型
ONE HUNDRED

此款造型将后发区的头发进行打卷的时候要注意每一片头发的打卷角度，最后形成一个整体的轮廓。在将后发区的头发打卷时可从正面观察打卷的角度，使造型呈现较为均衡、对称的感觉。

01 将刘海区的头发扭转之后在头顶位置固定。

02 将左侧发区的头发向上提拉并扭转，在后发区固定。

03 将右侧发区的头发向上提拉并扭转，在后发区固定。

04 在后发区的两侧下发卡，加固造型的支撑点。

05 在后发区的下方取头发，向上打卷并固定。

06 继续从后发区取头发，向上打卷并固定。

07 将后发区剩余的头发向上打卷并固定。

08 在头顶位置佩戴饰品，装饰造型。

09 在左侧发区佩戴羽毛饰品，装饰造型。

10 在右侧发区佩戴羽毛饰品，装饰造型。

打造此款造型时先佩戴饰品，然后以饰品为
中心用发丝进行修饰，同时要兼顾造型整体
轮廓的饱满度，使饰品与造型之间更加协调。

01 在头顶左侧佩戴好饰品，将刘海区的头发向上提拉并倒梳。

02 继续在顶区取头发，从右向左提拉并倒梳。

03 继续将侧发区的头发向上提拉并倒梳。

04 从后发区取部分头发，向上提拉并倒梳。

05 将倒梳后的头发在头顶位置固定，保持造型表面的层次感。

06 将后发区的部分头发向上松散地提拉，打卷后固定。

07 将后发区左侧的头发向上松散地提拉，打卷后固定。

08 将左侧发区剩余的头发向上提拉并倒梳，使造型的层次感更加丰富。

09 用发丝适当对饰品进行遮挡，使饰品与造型之间更加协调。

10 对头发进行适当的喷胶定型，注意不要破坏造型的层次感。

在此款造型中，饰品的佩戴对这款造型起到了非常重要的作用，除了增强造型的风格感，确定造型的基调之外，还起到了衔接造型结构、弥补造型缺陷的作用。

STEP BY STEP

01 用电卷棒将刘海及两侧保留的发丝烫出弧度。

02 在顶区及两侧发区取头发，编几根三股辫。

03 将三股辫相互交叉后在后发区固定。

04 将后发区左侧的头发向右侧扭转并固定。

05 将后发区右侧的头发向左侧扭转并固定。

06 将右侧刘海区的头发向后发区扭转并固定。

07 将左侧刘海区的头发向后发区扭转并固定。

08 将后发区下方的头发分成三股并编在一起。

09 将编好的发尾收拢，用发卡进行隐藏式固定。

10 在头顶位置佩戴饰品，装饰造型。

11 在后发区佩戴造型花，装饰造型。

12 从头顶位置向下盘绕绿藤饰品，点缀造型。

BRIDE HAIRSTYLE

浪漫新娘
白纱发型

ONE HUNDRED

处理此款造型要注意发丝的抽拉，使造型呈
现更好的层次感，具体的操作方式是用手拉
住头发末端，然后适当地抽松辫子中的发丝，
这样部分发丝被抽出，造型会更具有层次感。

01 在顶区偏左侧的位置取头发，进行三股辫编发。

02 编好后用皮筋固定。

03 在皮筋中掏出头发，向左右两侧拉出弧度后固定。

04 在顶区偏右侧的位置取头发，进行三股辫编发。

05 将编好的头发用皮筋固定。

06 将两个皮筋固定的头发左右拉伸后扭转。

07 将头发摆好后用发卡固定。

08 用同样的方式向下继续操作。

09 将处理好的头发固定牢固。

10 在左侧发区进行两股扭绳，抽出发丝，使其蓬松。

11 将编好的头发在后发区右侧固定。

12 将右侧发区的头发同样在后发区左侧固定。

13 将后发区剩余的头发进行三股辫编发。

14 将编好的头发用皮筋固定。

15 在后发区及皮筋固定处佩戴造型花，装饰造型。

在此款造型中，假发与真发结合，首先要注意发色应较为接近，另外真假发衔接的位置要通过造型手法隐藏好，可以达到以假乱真的效果。

01 将后发区的头发扎成马尾。

02 将扎好的马尾向上打卷并固定，使其隆起一定的高度。

03 在后发区佩戴假发。

04 将右侧发区的头发向上提拉并倒梳，将头发表面梳理光滑。

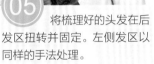

05 将梳理好的头发在后发区扭转并固定。左侧发区以同样的手法处理。

06 在头顶位置佩戴饰品，装饰造型。

07 用尖尾梳辅助将刘海区的头发调整出一定的弧度。

08 将剩余的发尾在后发区固定。

09 将部分发尾在后发区打卷并固定。

10 继续将发尾在后发区进行多次固定，使后发区下方呈收拢的状态。

11 在后发区佩戴饰品，点缀造型。

12 在刘海区佩戴饰品，装饰造型。

在此款造型中，要注意后发区向上打卷的头发在固定之后的结构调整，使其轮廓更加饱满。另外造型花修饰了编发固定的位置，可以使造型更完美。

01 从顶区向后发区方向进行三股两边带编发。

02 继续向下编发，收拢头发，将编好的头发用皮筋固定好。

03 将右侧发区的头发三股交叉。

04 继续向后进行三带一编发，用三股辫编发的形式收尾。

05 将编好的头发在后发区左侧固定。

06 将左侧发区的头发三股交叉。

07 继续向后进行三带一编发，用三股辫编发的形式收尾。

08 将编好的头发在后发区右侧固定。

09 将后发区下方剩余的头发向上打卷。

10 将打好的卷固定并对其轮廓做调整。

11 在头顶位置和后发区分别佩戴饰品，使两个饰品相连，装饰造型。

12 在饰品衔接处佩戴造型花，装饰造型。

此款造型可根据需要打造的蝴蝶结的大小来调整掏出头发的长度。另外，尽量使头发掏出的长度及角度一致，这样蝴蝶结表面会更干净。

01 在顶区偏左的位置用皮筋固定头发。

02 在皮筋中分出一层头发，做成蝴蝶结效果。

03 继续向下用皮筋固定头发，然后将头发掏出。

04 将头发左右分开并固定好。

05 将顶区偏右侧的头发在后发区扭转并固定。

06 在后发区继续用皮筋固定头发。

07 固定之后将头发掏出。

08 将头发处理成蝴蝶结效果，用头发缠绕在中间位置。

09 将左侧发区的头发向后进行两股扭绳，在后发区固定。

10 将右侧发区的头发向后进行两股扭绳，在后发区固定。

11 在后发区下方下发卡，使头发固定得更加牢固。

12 在后发区下方进行三股辫编发。

13 将编好的头发固定。

14 在头顶位置佩戴饰品，装饰造型。

15 在后发区佩戴饰品，点缀造型。

BRIDE HAIRSTYLE

浪漫新娘
白纱发型

ONE HUNDRED

此款造型的关键之处是最后的发丝修饰，发丝的修饰可以使造型更加灵动，同时使造型的轮廓饱满起来。

01 将顶区的头发向后进行三股两边带编发。

02 将编好的头发向上推，隆起一定的高度后固定。

03 将右侧发区的部分头发进行两股扭转。

04 将扭转好的头发向上提拉并固定。

05 将右侧剩余的头发和部分后发区的头发向左侧扭转。

06 将扭转好的头发从后向前盘绕并固定。

07 从后发区下方继续取头发，进行两股辫续编。

08 将编好的头发抽出一些层次。

09 将头发盘绕至头顶位置并固定。

10 将后发区左侧的头发进行两股扭绳，抽出一些层次。

11 将头发向上提拉并在顶区固定。

12 将后发区剩余的头发进行两股扭绳并抽出层次。

13 将头发提拉至顶区并固定。

14 在右侧发区佩戴造型花，装饰造型。

15 将剩余发丝用尖尾梳调整出层次，使造型更加饱满。

BRIDE HAIRSTYLE

唯美新娘
白纱发型

ONE HUNDRED

这是一款简约唯美的后盘式造型，两侧发区
的编发起到了重要的作用，编发让两侧发区
的头发具有自然的纹理走向，不会特别死板。

01 将两侧发区的头发进行三股辫编发后在后发区交叉。

02 将右侧发辫的发尾在左侧固定。

03 将左侧发辫的发尾在右侧固定。

04 在后发区取部分头发，进行三股辫编发。

05 将编好的头发向上打卷并固定。

06 将剩余的头发向上打卷并固定。

07 在头顶位置佩戴饰品。

08 将饰品两端的带子在后发区下方系蝴蝶结。

09 在后发区左侧佩戴造型花，装饰造型。

10 在后发区右侧佩戴造型花，装饰造型。

11 在后发区佩戴头纱。

BRIDE HAIRSTYLE

唯美新娘
白纱发型

ONE HUNDRED

处理此款造型时要注意刘海区的层次感，用
较短的发丝修饰额头位置，用较长的发丝对
饰品进行修饰。

01 用尖尾梳调整刘海区的头发的层次。

02 将刘海区的头发在右侧发区进行适当固定，使其更加稳固。

03 将左侧发区的头发在后发区松散自然地固定。

04 将顶区的头发向上提拉，收拢并打卷。

05 将打好卷的头发在后发区向上隆起并固定。

06 将后发区下方的头发自然地向上固定。

07 将后发区右侧剩余的头发向上打卷并固定。

08 在头顶位置佩戴饰品，用发丝适当对饰品进行修饰，使饰品与造型之间更加协调。

BRIDE HAIRSTYLE

唯美新娘
白纱发型

ONE HUNDRED

塑造此款造型中的后垂效果，首先要将头发
烫出合适的弯度，然后顺应弯度整理造型轮
廓，使其呈现优美的感觉。

STEP BY STEP

01 用手将刘海区的头发的发根调整出层次感，使其更加蓬松自然。

02 将刘海区的头发进行扭转并固定。

03 将左侧发区的头发向上提拉，扭转并固定。

04 将右侧发区的头发向上提拉，扭转并固定。

05 在头顶位置佩戴皇冠。

06 在后发区右侧取部分头发，向顶区进行扭转并固定。

07 在后发区左侧取部分头发，向顶区进行扭转并固定。

08 在后发区左右两侧取头发，叠加收紧后固定。

09 将后发区剩余的头发收拢。

10 将收拢好的头发向下打卷并固定。

11 在后发区佩戴饰品，装饰造型。

此款造型中，两侧发区向后发区的编发起到
了收拢作用，干净利落的后发区造型轮廓与
饰品相互搭配，使造型更加简约、唯美。

STEP BY STEP

将刘海区的头发向下打卷。

将打好的卷适当收紧后固定。

在左右两侧发区取头发，在后发区相互交叉。

在后发区以向下收紧的方式进行鱼骨辫编发。

继续向下进行三股辫编发。

将编好的头发打卷，向上推并固定。

将剩余的发尾在后发区打卷。将打好的卷固定。

在头顶位置佩戴饰品，装饰造型。

BRIDE HAIRSTYLE

唯美新娘
白纱发型

ONE HUNDRED

在此款造型中，刘海区的头发要处理得饱满
而具有层次感。注意后发区发卷的摆放角度，
每一个发卷的摆放角度都不同，这样可以使
造型更具有立体感。

01 在后发区下方将头发进行扭转。

02 将扭转好的头发牢固地固定。

03 将固定好的发尾向上进行打卷并固定。

04 将左侧发区的部分头发从后发区下方穿过，在后发区右侧打卷并固定。

05 将右侧发区的头发推出适当的弧度，在后发区打卷并固定。

06 将左侧发区剩余的头发在后发区固定。

07 将剩余的发尾在后发区打卷。

08 将打好的卷在后发区固定并调整出立体感。

09 用尖尾梳将刘海区的头发进行倒梳，使其呈现蓬松饱满的层次感。

10 将刘海区的头发在后发区固定。

11 在头顶位置佩戴皇冠，装饰造型。

12 在皇冠外用发带装饰，在后发区打蝴蝶结。在后发区佩戴饰品。

BRIDE HAIRSTYLE

唯美新娘
白纱发型

ONE HUNDRED

此款造型中应注意两侧发区的翻卷在后发区
的摆放角度，不要固定得过于靠后，固定位
置决定了造型轮廓的饱满度。

STEP BY STEP

01 将左侧发区的头发向上翻卷并在后发区固定。

02 将右侧发区的头发向上翻卷。

03 将翻卷好的头发在后发区固定。

04 将后发区剩余的头发向上翻卷。

05 将翻卷好的头发固定并对其轮廓做调整。

06 在头顶位置佩戴饰品，装饰造型。

07 在后发区佩戴饰品，装饰造型。

08 造型完成。

BRIDE HAIRSTYLE
唯美新娘
白纱发型
ONE HUNDRED

在此款造型中，刘海区及两侧发区的细致烫卷起到了增加发量和增强发丝卷曲度的作用，使造型更具有层次感和饱满度。

01 将顶区的头发在头顶位置扭转并固定。

02 将后发区右侧的部分头发在顶区扭转并固定。

03 将左侧发区的部分头发在顶区扭转并固定。

04 在顶区制作一个具有一定高度的发髻。

05 将顶区剩余的部分头发倒梳，覆盖在发髻上并固定。

06 继续将左侧剩余的头发倒梳，覆盖在发髻上并固定。

07 将后发区剩余的头发向上提拉并倒梳。

08 将倒梳好的头发在顶区适当扭转并固定。

09 在头顶位置佩戴点翠皇冠。

10 将刘海区的头发用电卷棒烫卷。

11 将刘海区的头发调整出层次后固定。

做造型时要充分利用饰品的作用，这款造型
如果没有饰品的遮挡，头顶的发髻会显得特
别突兀，通过饰品的遮挡，整体造型会显得
饱满而唯美。

STEP BY STEP

将顶区的头发在头顶位置扭转成发髻并固定。

将左侧发区的头发向后提拉并调整出层次。

将处理好的头发在后发区左侧固定。

将右侧发区的头发向后拉伸并调整出层次，然后在后发区右侧固定。

用尖尾梳的尖尾调整两侧刘海的发丝，使其更具有层次感。

将后发区的头发向上扭转。

将扭转好的头发向上提拉并在发髻后方固定。

在头顶位置佩戴皇冠，装饰造型。

BRIDE HAIRSTYLE

唯美新娘
白纱发型

ONE HUNDRED

在此款造型中，佩戴大朵的造型花很容易使
造型出现突兀的感觉，用网眼纱与之相互搭
配，可以使整体造型更加柔美。

01 将右侧发区的头发向前推，隆起一定的高度后固定。

02 将顶区和左侧发区的头发向上提拉并扭转。

03 将扭转好的头发隆起一定的高度后在顶区固定。

04 将后发区左侧的部分头发向上提拉，打卷并固定。

05 将后发区剩余的头发向上提拉并打卷。

06 将打好的卷在后发区右侧固定。

07 在头顶左侧佩戴网纱并适当抓出褶皱和层次。

08 在左侧佩戴造型花，装饰造型。

09 在右侧佩戴网纱，装饰造型。

10 在头顶位置佩戴造型花，装饰造型。

在打造此款造型的步骤 05 中，头发的固定起
到了收拢后发区的头发的作用，同时改变了
发丝的走向，使后发区的造型轮廓更加柔美
自然。

调整刘海区的头发层次，对额头位置进行适当遮挡。

将左侧发区的头发向后扭转。

将扭转好的头发在后发区横向固定。

将右侧发区的头发向后扭转并固定。

在后发区左侧取一片头发，从下向上扭转并用发卡固定。

将垂落的头发进行细致固定。

在头顶位置佩戴饰品，装饰造型。

将饰品两侧的丝带在后发区系蝴蝶结。

BRIDE HAIRSTYLE

唯美新娘
白纱发型

ONE HUNDRED

在此款造型中，造型右侧的打卷和固定不要
处理得过丁死板，保留一定的蓬松感、层次
感会使造型呈现更加自然的感觉。

STEP BY STEP

01

将刘海区的头发蓬松地向后扭转并固定。

02

将左侧发区的头发提拉至头顶位置，打卷并固定。

03

将右侧发区的头发扭转后在头顶位置固定。

04

从后发区取头发，在右侧发区打卷并固定。

05

在右侧发区佩戴水钻饰品，装饰造型。

06

将后发区的部分头发在左侧打卷并固定。

07

将后发区剩余的头发在右侧打卷并固定。

08

在饰品的基础上佩戴网眼纱，装饰造型。

BRIDE HAIRSTYLE

唯美新娘
白纱发型

ONE HUNDRED

注意此款造型的操作顺序：先将左右侧发区的头发在后发区下方收拢并固定，再处理接下来的造型，使其结构更加简约。这种方式也适合在头发过多的时候隐藏头发使用。

01 将顶区和后发区的头发临时收起，将右侧发区的头发在后发区下方固定。

02 将左侧发区的头发在后发区下方固定。

03 将固定之后剩余的发尾收起并固定。

04 将顶区和后发区的头发放下来，在后发区扭转并固定好。

05 将后发区的发尾扭转后向上打卷。

06 将打好卷的头发在后发区固定。

07 将刘海区的头发用尖尾梳向右侧梳理光滑。

08 将梳理好的发尾向后发区扭转。

09 将扭转好的头发在后发区固定。

10 用尖尾梳的尾端调整后发区的头发的层次。

11 在左侧发区佩戴饰品，装饰造型。

12 在额头左侧继续佩戴饰品，装饰造型。

BRIDE HAIRSTYLE

唯美新娘
白纱发型

ONE HUNDRED

在此款造型中佩戴饰品后不要将额头处的头发处理得过于伏贴，可适当将其隆起一定的高度。注意编发后发尾的摆放位置，可以用发尾的发丝塑造饱满的轮廓感。

01 在头顶位置佩戴饰品，装饰造型。

02 用手调整刘海区的头发，使其更具有层次感。

03 将左侧发区的头发进行三带一编发。

04 边编发边带入后发区的头发。

05 将编好的头发向右侧带，将发尾在头顶位置固定。

06 在右侧发区取头发，进行三带一编发。

07 沿着第一条编发下方编至造型左侧。

08 将编好的头发向上提拉并在顶区固定。

09 在后发区左侧取头发，用两股扭绳的形式向上带。

10 将头发在顶区固定。

11 将后发区剩余的头发用两股扭绳的形式向头顶带。

12 将扭绳后的头发固定，对顶区的发尾层次做调整。

BRIDE HAIRSTYLE
唯美新娘
白纱发型
ONE HUNDRED

在此款造型中要同时顾及多处头发的固定位置，将其相互结合来打造造型的饱满度。对于不够饱满的位置可将尖尾梳的尾端插入并轻挑，使其更加饱满。

01

用尖尾梳将刘海区的头发进行倒梳，使其更具有层次感。

02

将左侧发区的头发向后扭转并固定。

03

将右侧发区的头发向后扭转并固定。

04

将部分后发区的头发松散地向上提拉并扭转。

05

将扭转好的头发在头顶位置固定好。

06

将后发区剩余的头发向上提拉并扭转。

07

将扭转好的头发在后发区固定。

08

在头顶位置佩戴发箍饰品，装饰造型，在后发区将饰品上的带子打蝴蝶结。

在此款造型中应注意保留刘海及两侧垂落的
发丝，使造型更加唯美。后发区垂落的头发
可根据需要的感觉利用电卷棒烫卷。

STEP BY STEP

01 用电卷棒将刘海向下卷，使其更加蓬松自然。

02 将右侧发区的头发向后进行三带一编发。

03 将编好的头发在后发区扭转并固定。

04 将左侧发区的头发三股交叉，向后进行三带一编发。

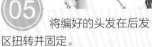

05 将编好的头发在后发区扭转并固定。

06 在后发区取头发，向上打卷。

07 继续在后发区取头发，向上打卷并固定。

08 在后发区右侧取头发，在后发区下方打卷并固定。

09 在后发区左侧取头发，向后发区右侧打卷并固定。

10 继续在后发区取头发，进行打卷并固定。

11 在头顶位置佩戴饰品，装饰造型。

12 在后发区佩戴造型花，装饰造型。

此款造型在造型时为了达到某种造型效果难免会有很多有瑕疵，这时可通过饰品来遮挡。例如，此款造型利用造型花遮挡了皮筋固定的位置。

01 将顶区的头发扎马尾。

02 用尖尾梳将刘海区的头发调整出层次感。

03 从刘海区上方开始进行两股扭绳。

04 继续向下扭绳，带入右侧发区的头发。

05 将编好的头发在后发区固定。

06 将左侧发区的头发进行两股扭绳。

07 将编好的头发在后发区固定。

08 将后发区左侧的头发带入马尾中，用鱼骨辫的形式进行编发。

09 继续向下编发，将后发区的头发收拢。

10 将编好的头发调整出层次感。

11 在头顶位置佩戴饰品，装饰造型。

12 将藤蔓和造型花佩戴在后发区，装饰造型。

在一款造型中，用多种饰品做装饰需要一定的延续性。此款造型在佩戴皇冠之后用发带装饰，皇冠与发带的结合，发带与大朵造型花的结合，大朵造型花与小花的结合，都是一种连贯的延续。

01 用尖尾梳将刘海区的头发梳理得蓬松自然。

02 在头顶位置佩戴饰品，装饰造型。

03 在饰品边缘包裹发带。

04 将发带在后发区系蝴蝶结。

05 将左侧发区的头发用两股扭绳的手法编发。

06 将编好的头发在后发区偏右侧的位置固定。

07 将右侧发区的头发用两股扭绳的手法编发。

08 将编好的头发在后发区固定。

09 将后发区左右两侧的部分头发在后发区用皮筋固定。

10 将马尾中的头发分两份，继续与左右两侧的头发相互结合，用皮筋固定。

11 在发带上方佩戴造型花，装饰造型。

12 在后发区用小花对造型进行点缀。

此款造型中，顶区的头发的扭转弥补了顶区
显得过空的缺陷，同时与蝴蝶结相互呼应，
使造型的形式感更加丰富。

01 从顶区取一缕头发，向左侧扭转，将扭转好的头发固定。

02 将发尾向右侧扭转并固定。

03 将左侧发区的部分头发向后发区右侧扭转并固定。

04 将右侧发区的部分头发向后发区左侧扭转并固定。

05 将左侧发区剩余的头发进行两股扭绳并抽出层次。

06 将头发在后发区扭转并固定。

07 将右侧发区的头发用同样的方式操作。

08 在后发区下方将头发牢固地固定。

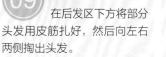

09 在后发区下方将部分头发用皮筋扎好，然后向左右两侧掏出头发。

10 用一缕头发在中间位置缠绕并固定。

11 将头发固定出蝴蝶结的形状。

12 在后发区佩戴造型花，装饰造型。

此款造型的重点是刘海区及两侧发区的处理，尤其要注意刘海区的头发，可用尖尾梳倒梳，打造如被吹风机吹风定型的效果。

STEP BY STEP

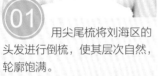

01 用尖尾梳将刘海区的头发进行倒梳，使其层次自然，轮廓饱满。

02 将处理好的刘海用发卡固定。

03 将左侧发区的头发用尖尾梳倒梳。

04 将倒梳好的头发向上适当提拉并固定。

05 将右侧发区的头发用尖尾梳进行倒梳。

06 将倒梳好的头发固定，表面不需要很光滑。

07 将剩余的头发在后发区下方扎马尾。

08 从马尾中分出一片头发，向上打卷。

09 将剩余的头发继续向上打卷并固定。

10 在头顶位置佩戴皇冠，装饰造型。

BRIDE HAIRSTYLE
高贵新娘
白纱发型
ONE HUNDRED

在此款造型中，刘海区的头发隆起的高度对造型非常重要，需要注意的是刘海区表面的发丝不要处理得过于光滑，要保留一些发丝层次。

01 将刘海区的头发向前推,使其隆起。

02 将隆起的刘海用发卡固定。

03 将左侧发区的头发向上提拉,扭转并固定。

04 将右侧发区的头发向上提拉,扭转并固定。

05 将两侧发区固定后剩余的发尾向上打卷并固定牢固。

06 将后发区剩余的头发向上提拉,扭转并固定。

07 在后发区佩戴饰品,装饰造型。

08 在头顶位置佩戴饰品,装饰造型。

在此款造型中，刘海区的头发要分两次处理，首先将大部分头发隆起一定高度，然后用少量发丝修饰，使造型更自然，显得高贵而不老气。

STEP BY STEP

01 将刘海区的头发隆起后固定。

02 用尖尾梳将刘海区的头发表面倒梳，使其更具有层次感。

03 将左侧发区的头发向上提拉，扭转并固定。

04 将右侧发区的头发向上提拉，扭转并固定。

05 将顶区的头发向上提拉并扭转。

06 将扭转好的头发在顶区固定成发髻。

07 将后发区剩余的头发向上提拉并扭转。

08 将扭转好的头发与顶区的发髻相结合，牢固地固定。

09 在额头位置佩戴饰品，装饰造型。

10 在头顶位置佩戴头纱，装饰造型。

高贵新娘
白纱发型

此款造型中，因为顶区的头发要塑造一个发包的效果，所以在对顶区的头发进行倒梳时要多注意靠近发根的位置，这样可以使头发很好地蓬起，更利于塑造发包效果。

STEP BY STEP

01 将顶区的头发向上提拉并进行倒梳。

02 将倒梳好的头发向下扣卷。

03 将扣卷好的头发收紧，向上推并固定。

04 将刘海区的头发用尖尾梳进行中分。

05 将左侧刘海区连同左侧发区的头发向后扭转，在后发区固定。

06 将右侧刘海区连同右侧发区的头发向后扭转，在后发区固定。

07 将后发区的头发向上提拉并扭转。

08 将扭转好的头发在后发区固定。

09 在头顶位置佩戴饰品，装饰造型。

10 将饰品两端的丝带在后发区下方系蝴蝶结。

BRIDE HAIRSTYLE

高贵新娘
白纱发型

ONE HUNDRED

处理此款造型时要注意对刘海区的发丝的处理，使其呈现有序的纹理，不要处理得过于光滑。

STEP BY STEP

01 在头顶位置佩戴皇冠。

02 将右侧发区的头发向后扭转。

03 将扭转好的头发在后发区固定。

04 将左侧发区的头发向后扭转。

05 将扭转好的头发在后发区固定。

06 从后发区右侧取头发，向左侧扭转，提拉并调整层次。

07 将头发在左侧固定。

08 以同样的方式从左向右带头发并固定。

09 从后发区下方取头发，从右向左提拉并将头发抽撕出层次感。

10 将处理好的头发在左侧固定。

11 将最后一片头发以同样的方式向右侧发区提拉并固定好。

12 将两侧刘海区的头发的层次做调整，使其更自然。

此款造型在打造时，要分先后两次佩戴饰品，第一次佩戴饰品是为了让头发更好地修饰饰品，第二次佩戴饰品是确定造型的整体轮廓和风格。

STEP BY STEP

01 在额头偏右侧的位置佩戴饰品。

02 将右侧发区的头发向上提拉并扭转,适当向前推并固定。

03 用手调整刘海区的头发的层次,使其自然隆起一定的高度并适当固定。

04 将左侧发区的头发向上提拉,扭转并固定。

05 在头顶位置佩戴皇冠饰品。

06 从后发区取一片头发,打卷后在后发区偏右侧的位置固定。

07 继续在后发区取头发,向上提拉,打卷后固定。

08 在后发区右侧取头发,向上打卷并固定。

09 以同样的方式继续取头发,向上打卷并固定。

10 将后发区剩余的头发向上打卷并固定。

在此款造型中，要注意固定两侧发区的头发时要保留发丝的纹理感。如果将头发处理得过于光滑，会让造型显得老气。

01 用尖尾梳将刘海区的头发进行倒梳，使其层次更加丰富，轮廓更加饱满。

02 将倒梳好的头发适当向前推并固定。

03 将左侧发区的头发进行倒梳。

04 将倒梳好的头发扭转后向前推，使其隆起后固定。

05 将右侧发区的头发用尖尾梳进行倒梳。

06 将倒梳好的头发扭转后向前推，使其隆起后固定。

07 在头顶位置佩戴皇冠饰品。

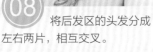

08 将后发区的头发分成左右两片，相互交叉。

09 将左侧的头发向右侧打卷并固定。

10 将右侧的头发向左侧打卷并固定。

此款造型中，刘海区的头发要呈现一定的高度，然后用尖尾梳的尾端调整，增加头发的层次感。如果刘海区的头发比较塌，可以将头发提起，用尖尾梳对发根进行适当倒梳。

01

用尖尾梳的尾端将刘海区的头发调整出层次感。

02

将顶区的头发倒梳,使其隆起后固定。

03

适当对表面的发丝进行倒梳,使其更具有层次感。

04

将左侧发区的头发向上提拉并扭转,在后发区固定。

05

将右侧发区的头发向上提拉并扭转,在后发区固定。

06

将两侧发区的发尾收拢在一起后固定。

07

将后发区剩余的头发向上提拉并扭转,在后发区固定。

08

在头顶的位置佩戴皇冠,装饰造型。

此款造型中，刘海区的头发要盘出流畅的弧度，尽量避免出现偏直的线条。这种刘海样式适合额头较高的人使用。

01

将刘海区的头发向前推出弧度并固定。

02

将左侧发区的头发从后向前提拉，扭转后固定。

03

将右侧发区的头发从后向前提拉，扭转后固定。

04

将顶区的头发向上提拉，扭转后固定。

05

将后发区的头发向上扭转，在后发区左侧固定。

06

调整顶区的造型轮廓，使其呈现较为饱满的状态。

07

在头顶位置佩戴发箍饰品，装饰造型。

08

在后发区佩戴头纱，装饰造型。

此款造型的重点是刘海区的造型轮廓。将刘海区的头发扭转，改变头发的走向，接下来将头发适当向前推，这样可以使刘海区呈现更加饱满的轮廓。

01 将刘海区的头发进行适当的扭转。将扭转好的头发前推后向下压，然后固定。

02 将固定之后的剩余发尾打卷并固定。

03 将左侧发区的头发提拉并扭转至靠近顶区的位置，然后固定。

04 将右侧发区的头发向上提拉，扭转并固定。

05 将两侧发区的发尾在顶区收拢后固定。

06 将后发区剩余的头发向上提拉并扭转。

07 将扭转并固定后剩余的发尾进行收拢并固定。

08 在头顶位置横向佩戴饰品，装饰造型。

此款造型在做后发区的打卷时要注意观察正面的效果，使其呈现较为对称的感觉。

在左侧发区佩戴饰品。

将刘海区的头发在右侧耳上方固定。

将两片头发扭转至后发区。

将扭转后的头发在后发区固定。

将左侧发区的头发扭转至后发区。

将扭转后的头发在后发区固定。

将后发区左侧的头发向右提拉，打卷并固定。

将后发区右侧的头发向左提拉，打卷并固定。

在此款造型中，刘海区采用向下打卷的造型
手法。需要注意的是在打卷并固定之后一定
要调整层次，要呈现自然的纹理，而不是光
滑的感觉，过于光滑会让造型显得生硬。

STEP BY STEP

将刘海区的头发向下打卷并固定好。

将顶区的头发隆起一定的高度，向后打卷并固定。

将右侧发区的头发向上提拉，翻卷后固定。

将左侧发区的头发向上提拉，翻卷后固定。

将后发区的头发向上提拉，扭转后固定。

为头发喷干胶定型。

在头顶的位置佩戴皇冠，装饰造型。

造型完成。

在新娘发型中使用假发的情况比较少，但如果运用得当效果还是很好的。例如，牛角假发是用于发型内部支撑的材料，可以进行合理的运用。

01 将牛角假发包裹在顶区的头发中。

02 将顶区的头发隆起饱满的弧度后固定。

03 在顶区佩戴饰品。

04 将右侧发区的头发扭转至后发区固定。

05 将左侧发区的头发扭转至后发区固定。

06 用左侧刘海区的头发遮住耳朵，有弧度地带至后发区。

07 将头发在后发区固定。

08 将右侧刘海区的头发带至后发区并固定。

09 将刘海区的头发表面梳理得光滑干净。

10 将后发区右侧的头发斜向上提拉，打卷后固定。

11 将左侧发区的头发斜向上提拉，打卷后固定。

此款造型将牛角假发运用在后发区，使后发区的造型轮廓更加饱满。需要注意的是不要使假发外露，应该进行合理的隐藏。

01 将刘海区的头发向后扭转，隆起一定的高度后固定。

02 从右侧发区取头发，向上打卷。

03 将打好的卷在额头上方的位置固定。

04 将左侧发区的头发向上提拉，进行打卷。

05 将打好的卷在刘海区后方固定。

06 将右侧发区剩余的头发向上打卷。

07 将打好的卷在之前的卷的后方固定。

08 将牛角假发缠绕在后发区的头发中。

09 继续向上缠绕，收紧牛角假发两端。

10 将牛角假发提拉至顶区下方并固定。

11 将顶区的头发向上提拉并倒梳。

12 将倒梳好的头发向下扣卷。

13 拉伸扣卷并固定好的头发，使轮廓更加饱满。

14 在左侧发区佩戴饰品，装饰造型。

15 在顶区佩戴饰品，装饰造型。

BRIDE HAIRSTYLE

高贵新娘
白纱发型

ONE HUNDRED

此款造型在处理刘海区及两侧发区的头发之前要先进行烫卷，这样做的目的是使头发有更好的卷曲度和蓬松感，更利于造型。

用电卷棒将刘海区和两侧发区的头发进行烫卷。

用尖尾梳将刘海区和两侧发区的头发适当倒梳，使其更具有层次感。

将倒梳好的头发固定。

从后发区左侧向右下方斜向用三带一的手法编发。编发时注意调整好角度，使其走向自然。

将编好的头发向上打卷并固定。

从后发区右侧取头发，向左侧提拉，扭转并固定。

将后发区剩余的头发向上打卷并固定。

在头顶位置佩戴皇冠饰品，装饰造型。

BRIDE HAIRSTYLE
高贵新娘
白纱发型
ONE HUNDRED

此款造型在做顶区的发包前要先佩戴好皇冠。
因为顶区的发包做好之后，皇冠很难佩戴，
并且会破坏发包的轮廓，所以提前佩戴会呈
现更好的效果。

01 在顶区佩戴皇冠，使顶区的头发在皇冠中。

02 将顶区的头发向上提拉并打卷。

03 将打卷好的头发向前推，使其隆起一定的高度后固定好。

04 将左侧发区的头发向后扭转并固定。

05 将右侧发区的头发向后扭转并固定。

06 固定之后将剩余的发尾向上打卷并固定。

07 将后发区右侧的头发向左上方提拉并扭转。

08 扭转之后将剩余的发尾打卷并固定。

09 将后发区左侧的头发向右上方提拉，扭转并固定。

10 固定之后将剩余的发尾打卷并固定。

11 将左右两侧剩余的头发用电卷棒烫卷。

12 烫卷之后对头发的层次做调整。

BRIDE HAIRSTYLE

高贵新娘
白纱发型

ONE HUNDRED

在此款造型中，对于造型不饱满的位置可以用饰品填补。网眼纱不但可以使造型更加饱满，同时还能使造型呈现柔美感。

01 将后发区的头发在后发区偏上的位置扎马尾。

02 将顶区左侧的头发扭转并在马尾上方固定。

03 将顶区右侧的头发扭转并在马尾上方固定。

04 将顶区和马尾中的头发收拢在一起，进行扭转。

05 将扭转好的头发固定并对其层次做调整。

06 用电卷棒将刘海区及两侧发区的头发烫卷。

07 将头发抽丝出一定的层次感，使其表面自然。

08 将两侧发区的头发向上提拉并进行抽丝。

09 将头发喷胶定型，保持表面自然的层次感。

10 在额头右侧佩戴饰品，装饰造型。

11 将网纱抓出层次感，对造型进行修饰。

这是一款较为传统的实用型白纱造型，一般会搭配皇冠饰品。为了不让造型显得过于老气，可以选择质感相对柔和的饰品，并在两侧保留一些卷曲的发丝，使造型柔和。

01 将顶区的头发扎马尾。

02 将马尾中头发向上打卷并固定，对其轮廓进行调整。

03 在头顶位置佩戴饰品，装饰造型。

04 将后发区左侧的头发向右上方提拉，扭转并固定。

05 固定之后将剩余的发尾打卷并固定。

06 将右侧发区的头发向后扭转并固定。

07 将剩余的发尾继续向上提拉，扭转并固定。

08 将剩余的发尾进行打卷并固定。

09 将后发区右侧的头发向左上方提拉，打卷并固定。

10 将左侧发区的头发向上提拉，在后发区扭转并固定。

11 固定之后将剩余的发尾在后发区打卷并固定。

12 将后发区剩余的头发向上提拉，扭转并固定。

13 将剩余的发尾在后发区打卷并固定。

14 将刘海区的头发调整出弧度后固定。

15 将剩余的发尾在后发区固定。

在此款造型中，对编发后的发丝进行抽拉会使最后的造型柔和且充满层次感。在之前的案例中对抽拉的方法有具体的介绍。

01 首先在顶区取头发，进行三股辫编发，然后将一片头发夹在辫子中间。

02 以此方式继续向后编发，在后发区将头发固定。

03 将编好的头发分别向上打卷后固定。

04 在顶区右侧用同样方式处理头发。

05 将垂落的头发分别向上打卷后固定。

06 将左侧发区的头发进行两股扭绳并抽出一些发丝。

07 将头发在后发区右侧固定。

08 将右侧发区的头发连同部分后发区的头发进行两股扭绳后抽出发丝，在左侧发区固定。

09 将后发区左侧的部分头发进行两股扭绳后抽出发丝。

10 将头发在后发区右侧固定。

11 将后发区剩余的头发用电卷棒细致地烫卷，使其自然垂落。

12 佩戴皇冠及水钻饰品，对造型进行装饰。

BRIDE HAIRSTYLE

高贵新娘
白纱发型

ONE HUNDRED

在此款造型中，用细的电卷棒将头发烫卷后打理
层次会使头发呈现非常好的效果。需要注意的是
这种方式不适合很长的头发，而适合刘海区和两
侧发区有一定层次感的造型。

01 用细的电卷棒对外轮廓的头发进行烫卷。

02 从顶区开始向右侧进行三带一编发。

03 继续向后编发，带入部分后发区的头发。

04 将编好的头发打卷并固定，调整出层次感。

05 将左侧发区连同部分后发区的头发进行三股辫编发。

06 边编发边将头发向后发区右上方带。

07 将编好的头发固定。

08 将后发区左侧剩余的头发向上提拉并固定。

09 将后发区右侧剩余的头发向上提拉并固定。

10 将后发区中间剩余的头发向上提拉并固定。

11 在头顶位置佩戴饰品，装饰造型。

12 在饰品前方继续佩戴水钻饰品，装饰造型。

此款造型中，用电卷棒将头发纵向烫卷后再用气垫梳梳开，这样头发本身就具有了一定的弧度，利用这些弧度做造型可以使造型自然且具有复古感。

01 将刘海区的头发向后烫卷。

02 从左侧发区开始向右用电卷棒纵向烫卷。

03 继续用电卷棒烫卷。

04 将后发区下方剩余的头发进行烫卷。

05 注意烫卷的角度，烫卷要保持较为一致的角度。

06 用气垫梳将后发区的头发梳开，使其通顺而蓬松。

07 用气垫梳将左右两侧的头发梳顺，使其蓬松自然。

08 将鸭嘴夹在左侧耳上方固定。

09 将头发翻转一个弧度后用鸭嘴夹在后发区固定。

10 继续将头发翻转一个弧度后用鸭嘴夹固定。

11 将右侧发区的头发向下扣卷后在后发区固定。

12 将头发进行喷胶定型。

13 定好型后依次将鸭嘴夹拆除。

14 在头顶位置佩戴饰品，装饰造型。

15 在左侧发区偏后的位置佩戴造型花，装饰造型。

BRIDE HAIRSTYLE

复古新娘
白纱发型

ONE HUNDRED

翻卷和打卷的手法都是打造复古造型的常用
手法。在操作的时候应适当保留发丝层次，
使造型在复古中具有柔美浪漫的感觉。

STEP BY STEP

01 将左侧发区的头发向后发区方向扭转并固定。

02 将右侧发区的头发向后发区方向扭转并固定。

03 在后发区右侧取头发，向上打卷。

04 将打好的卷在后发区偏左侧的位置固定。

05 在后发区左侧取头发，向上打卷，在后发区偏右侧的位置固定。

06 继续从后发区取头发，向上打卷并固定。

07 将后发区剩余的头发向上打卷并固定。

08 以尖尾梳为轴，将刘海区的头发向右侧向上翻卷。

09 将翻卷好的头发在后发区固定。

10 固定之后将剩余的发尾调整出层次，弥补后发区造型轮廓的饱满度。

11 在右侧发区佩戴饰品，装饰造型。

12 在后发区下方佩戴饰品，装饰造型。

复古新娘
白纱发型

在此款造型中，有层次的造型轮廓与复古感
饰品相互结合，注意后发区的打卷要呈现一
定的饱满度，以起到衬托饰品的作用。

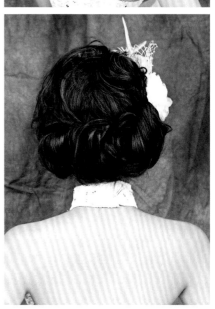

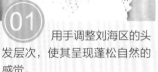

01 用手调整刘海区的头发层次，使其呈现蓬松自然的感觉。

02 在右侧发区佩戴饰品，装饰造型。

03 将右侧发区的头发向后发区方向扭转并固定。

04 继续在后发区取头发，向上翻卷并固定。

05 从后发区下方取头发，向后发区右侧打卷。

06 将打好的卷在后发区右侧固定。

07 将左侧发区的头发向后发区方向扭转并固定。

08 将后发区左侧的头发向上打卷并固定。

09 将后发区剩余的头发进行扭转。

10 将扭转好的头发向上打卷并固定。

11 用手调整顶区的头发层次，使其呈现更加饱满自然的感觉。

此款造型的重点是刘海区的扣卷和后发区的翻卷，在操作的时候要注意刘海区和后发区的平衡，以免形成很突兀的感觉。

01 将刘海区的头发向右下方扣卷并固定。

02 在头顶位置佩戴皇冠饰品。

03 将左侧发区的头发向上扭转。

04 将扭转好的头发固定。

05 将右侧发区的头发向上扭转。

06 将扭转好的头发固定。

07 将后发区的头发向上翻卷。

08 将翻卷好的头发在后发际线位置固定。

BRIDE HAIRSTYLE
复古新娘
白纱发型
ONE HUNDRED

此款造型主要利用打卷的手法完成。打卷的
摆放位置要形成递进关系，这样可以使造型
层次更加柔和，另外要注意卷的柔美感。

01

将刘海区的头发向右打卷并固定好。

02

将右侧发区的头发向上打卷并固定。

03

将后发区右侧的头发向上打卷并固定。

04

将左侧发区的头发向上打卷并固定。

05

将后发区剩余的头发向上打卷并固定。

06

对头发进行喷胶定型。

07

在左侧发区到额头位置佩戴饰品，装饰造型。

08

在后发区右侧佩戴饰品，装饰造型。

此款造型要注意刘海区的翻卷与后发区造型轮廓的结合，要使整体造型呈现一个完整饱满的轮廓。

STEP BY STEP

01 将左侧发区的头发向后发区方向扭转并固定。

02 将刘海区的头发在右侧发区用尖尾梳辅助向上翻卷。

03 将翻卷好的头发固定并用尖尾梳对其轮廓做调整。

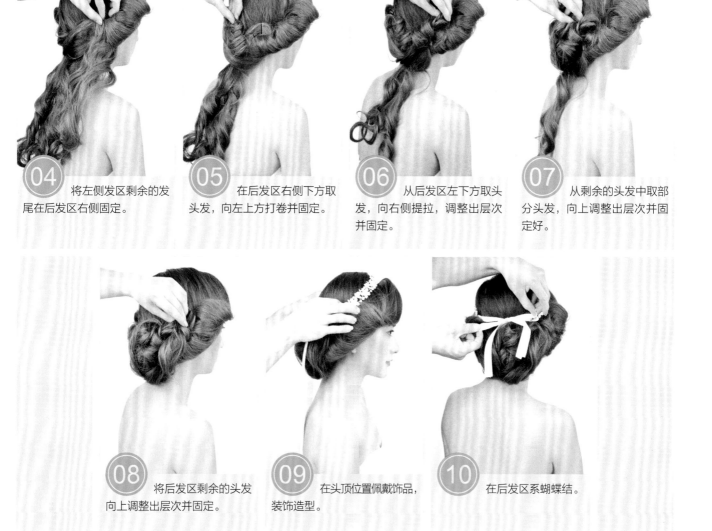

04 将左侧发区剩余的发尾在后发区右侧固定。

05 在后发区右侧下方取头发，向左上方打卷并固定。

06 从后发区左下方取头发，向右侧提拉，调整出层次并固定。

07 从剩余的头发中取部分头发，向上调整出层次并固定好。

08 将后发区剩余的头发向上调整出层次并固定。

09 在头顶位置佩戴饰品，装饰造型。

10 在后发区系蝴蝶结。

此款造型要注意将后发区左侧的头发向右固
定，将后发区右侧的头发向左固定，这样的
固定方式不但可以使头发的走向柔美，同时
可以使后发区的造型轮廓更加圆润饱满。

01 将刘海区的头发用电卷棒烫卷。

02 将两侧发区的头发向上提拉，用电卷棒进行烫卷。

03 在烫卷时要注意两侧发区靠近耳朵位置的头发的提拉角度。

04 从后发区左侧向右侧扭转头发。

05 将扭转好的头发在后发区右侧固定。

06 从后发区右侧向左侧扭转头发。

07 将扭转好的头发在后发区左侧固定。

08 用手抽丝，使刘海区及两侧发区的头发更具有层次感。

09 将抽丝好的头发固定。

10 在两侧保留部分发丝，使造型更加自然。

11 对头发进行喷胶定型。

12 在头顶位置佩戴饰品，装饰造型。

在此款造型中，鸭嘴夹不仅可以起到固定的
作用，同时还可以辅助塑造弧度纹理及控制
头发走向。

STEP BY STEP

(01) 从顶区取两股头发，相互交叉。

(02) 以两股扭绳的形式向下编发。

(03) 用同样的方式处理左侧的头发。

(04) 用鸭嘴夹将后发区的头发固定。

(05) 将后发区的发尾向内扣，用鸭嘴夹固定。

(06) 对后发区的头发进行喷胶定型。

(07) 将刘海区的头发向上提拉并倒梳，增加其层次感。

(08) 将右侧发区的头发倒梳后向上固定。

(09) 将剩余的头发向上提拉，倒梳后固定。

(10) 为头发进行喷胶定型。

(11) 将后发区固定的鸭嘴夹取下。

(12) 在头顶位置佩戴饰品，装饰造型。

141

BRIDE HAIRSTYLE

复古新娘
白纱发型

ONE HUNDRED

此款造型结构简单，但要注意的是后发区的
头发向下扣卷时要固定到位并隐藏好，可以
借助质量比较好的速干型发胶加强定型效果。

01 在头顶位置佩戴饰品，装饰造型。

02 在后发区系蝴蝶结。

03 将左侧发区的头发盖住部分耳朵，在耳后固定。

04 将右侧发区的头发以同样的方式操作。

05 将后发区的头发自然向下扣卷后固定。

06 对头发进行喷胶定型。

BRIDE HAIRSTYLE

复古新娘
白纱发型

ONE HUNDRED

在此款造型中，要用发丝对饰品进行适当的遮挡，因为饰品所占面积较大，适当遮挡会使饰品与造型之间更加协调。

01 在头顶右侧佩戴饰品，装饰造型。

02 将右侧发区的头发在饰品后方打卷并固定。

03 继续从后发区取头发，向上提拉，调整出层次并固定。

04 从后发区左侧取头发，向上提拉并固定。

05 在左侧发区取部分头发，隆起一定的高度，向上扭转并固定。

06 继续将左侧发区的头发向上提拉，扭转并固定。

07 用尖尾梳将固定之后的发尾进行倒梳。

08 将后发区剩余的头发向上固定并调整层次。

09 用发丝适当对饰品进行修饰，使其衔接更加自然。

10 对头发进行喷胶定型。

BRIDE HAIRSTYLE

复古新娘
白纱发型

ONE HUNDRED

此款造型简洁干净，在处理刘海区的头发时
要使其具有一定的饱满度，这样更有利于为
饰品的佩戴做基础。

01 用尖尾梳将刘海区的头发向左侧梳理光滑干净。

02 将梳理好的头发在耳后位置固定。

03 将右侧发区的头发扭转后在耳后位置固定。

04 在后发区下多个发卡并固定。

05 在后发区右侧取头发，斜向上打卷并固定。

06 在后发区左侧取头发，扭转后在后发区右侧固定。

07 继续在后发区取一片头发，向上打卷并固定。

08 将后发区剩余的头发在后发区左侧打卷并固定。

09 在头顶位置佩戴饰品，装饰造型。

10 在后发区佩戴饰品，装饰造型。

复古新娘
白纱发型

此款造型的重点在右侧，将复古的帽饰与有
层次感的发丝相互结合，发丝的层次感使造
型在复古的同时具有妩媚感。

01 在头顶偏右侧的位置佩戴造型帽，装饰造型。

02 在右侧发区取头发，从后向前在饰品下方固定。

03 继续从后发区右侧取头发，向前固定，要保留头发的卷度和层次感。

04 从后发区左侧将头发向右侧扭转并固定。

05 将固定之后剩余的发尾向上提拉并固定。

06 将后发区剩余的头发向上固定，调整造型的轮廓和层次。

BRIDE HAIRSTYLE
复古新娘
白纱发型
ONE HUNDRED

在此款造型中，波纹刘海可以使造型具有较为强烈的复古感。为了使造型不会显得过于老气，后发区的造型轮廓要适当收紧，将造型的重点放在刘海上。

01 将左侧发区的部分头发向后扭转并固定。

02 将左侧刘海区的头发用尖尾梳辅助推出弧度并固定。

03 将固定后剩余的发尾在耳后扭转并固定。

04 用尖尾梳将右侧刘海区的头发向上推。

05 将推好的弧度用鸭嘴夹定型。

06 继续向前用尖尾梳的尾端辅助推出弧度。

07 继续推好弧度后用鸭嘴夹固定。

08 将固定后剩余的发尾向下扣卷并固定。

09 将剩余的发尾在后发区扭转并固定。

10 将顶区的头发向后发区左侧打卷并固定。

11 将刘海区剩余的发尾在后发区打卷并固定。

12 从后发区左侧取头发，向右侧打卷并固定。

13 将后发区剩余的头发分片向上打卷并固定。

14 在头顶位置佩戴饰品，装饰造型。

15 在后发区右侧佩戴饰品，装饰造型。

此款造型在为中分刘海两侧做手推波纹的时候，不必两侧保持完全一致，但要保证两侧的波纹视觉效果协调。

01 将后发区左右两侧的头发分别向后扭转后固定。

02 将后发区的头发向上扭转，将扭转好的头发收紧，在后发区固定。

03 将右侧刘海区的头发用尖尾梳辅助推出波纹弧度。

04 将第一个波纹弧度固定好，继续推出波纹弧度。

05 继续向下推出波纹弧度。注意波纹弧度的走向要流畅优美。

06 推好波纹后将剩余的发尾在后发区固定。

07 将左侧刘海区的头发用尖尾梳辅助推出弧度。

08 将第一个波纹弧度固定好，继续向后推出弧度。

09 向上推出弧度，使波纹更具有立体感。

10 将剩余的头发在后发区扭转并固定。

11 将发尾在后发区偏下的位置固定。

12 在头顶位置佩戴皇冠，装饰造型。

BRIDE HAIRSTYLE

复古新娘
白纱发型

ONE HUNDRED

打造此款造型时，两侧刘海区的头发首先要
用蛋糕夹板夹出弯度，使其呈现类似波纹弧
度的效果，以增加造型的表现力。

01　将两侧刘海区的头发用蛋糕夹板夹出纹路，在头顶佩戴皇冠。

02　将后发区中间部分的头发进行松散的三股辫编发，向上打卷并固定。

03　将左侧发区及后发区左侧的头发盘绕在后发区中间的头发上。

04　将盘绕的头发调整好弧度，打卷并固定。

05　将剩余的头发向后发区右侧连续扭转。

06　将头发在后发区偏右侧的位置打卷并固定。

此款造型将复古的皇冠与造型花相互结合，
要注意两种饰品的质感是不是吻合，有些质
感的皇冠和鲜花是不能很好地相互搭配的。

01 将左侧发区的头发进行扭转，在后发区打卷并固定。

02 将右侧发区的头发在后发区进行打卷。

03 将打好的卷在后发区固定。

04 从后发区的右侧取头发，向上提拉并打卷。

05 将打好的卷在后发区上方固定。

06 从后发区的左侧取头发，向右侧进行打卷。

07 将打好的卷在后发区右侧偏上方的位置固定。

08 从后发区剩余的头发中分出一部分，向上提拉并进行打卷。

09 将打好的卷固定。

10 将后发区剩余的头发在后发区左侧打卷并固定。

11 将两侧发区的头发在后发区下方收拢并固定。

12 在头顶位置佩戴饰品，装饰造型。

复古新娘
白纱发型

此款造型的结构很简单，主要通过欧式礼帽来塑造整体感觉。这种风格的造型适合较为隆重的户外欧式婚礼，同时对新娘的气质要求也比较高。

01 将刘海区的头发隆起一定的高度，向右侧扭转。

02 将扭转好的头发固定。

03 将固定之后剩余的发尾在头顶位置打卷并固定。

04 将左侧发区的头发在后发区扭转并固定。

05 将右侧发区的头发在后发区扭转并固定。

06 将两侧扭转的头发在后发区再次下发卡固定。

07 将后发区左侧的头发向右侧固定。

08 将后发区的头发斜向左进行打卷。

09 将打好的卷固定。

10 偏向左佩戴欧式礼帽，装饰造型。

BRIDE HAIRSTYLE

复古新娘
白纱发型

ONE HUNDRED

在此款造型中，蕾丝礼帽搭配造型，复古而
不失柔美浪漫的气质。要多角度观察造型，
使造型的每个角度都能呈现较为完美的感觉。

STEP BY STEP

01

用尖尾梳将头发向后梳理干净。

02

将顶区的头发在后发区打卷。

03

将打好的卷在后发区固定。

04

将后发区右侧的头发斜向左打卷。

05

将打好的卷在后发区固定。

06

将剩余的头发斜向右打卷。

07

将打好的卷固定。

08

在头顶偏左的位置佩戴礼帽，装饰造型。

复古新娘
白纱发型

BRIDE HAIRSTYLE
ONE HUNDRED

此款造型的重点是飘逸的发丝感觉，发丝要
呈现灵动感。除了利用尖尾梳塑造发丝之外，
还可以将发胶和蓬松粉作为辅助的工具。

01 将顶区的头发进行三股辫编发，使其隆起一定高度。

02 将编好的辫子用皮筋固定。

03 将辫子内扣，然后继续固定。

04 将右侧发区的部分头发向后打卷并固定。

05 保留部分发丝，将右侧发区剩余的头发向后扭转。

06 将后发区右侧的部分头发向上提拉并扭转。

07 将扭转好的头发在后发区固定。

08 在左侧发区保留发丝，将剩余的头发在后发区扭转。

09 将后发区左侧的头发向上翻卷后固定。

10 将后发区剩余的头发向上提拉并打卷。

11 将打卷好的头发固定。

12 在头顶位置佩戴饰品，装饰造型。

13 用电卷棒对保留的发丝进行细致的烫卷。

14 用尖尾梳调整发丝层次，适当对饰品进行遮挡。

15 用尖尾梳轻轻倒梳，使发丝更加立体生动。

打造此款造型时，鸭嘴夹在塑造后发区的波纹弧度时起到了很重要的作用。除了鸭嘴夹之外，还要利用快干、易梳的干胶辅助定型，以达到事半功倍的效果。

01 用尖尾梳将刘海区的头发进行中分。

02 在头顶位置佩戴饰品。

03 用尖尾梳将顶区的头发在后发区推出弧度。

04 继续将顶区的头发向上推出弧度并用鸭嘴夹固定。

05 将左侧发区的头发在后发区盘出弧度。

06 用鸭嘴夹将盘出的弧度固定。

07 将后发区右下方的头发向上翻卷并固定。

08 在后发区左下方用鸭嘴夹将翻卷的头发固定。

09 将后发区左侧的头发向右侧扭转并固定。

10 将后发区左侧的头发调整出层次并向上固定。

11 将后发区剩余的头发调整出层次并向上固定。

当日新娘晚礼发型

此款造型在打卷的时候要注意卷与卷之间的衔接，最后使整体造型呈现饱满的上翻轮廓。

将左侧发区的头发在后发区向右扭转。

将扭转好的头发在后发区下方固定。

将右侧发区的头发向后发区方向扭转。

将扭转后的头发进行打卷，在后发区固定。

在后发区的右侧取头发，向上打卷。

将后发区剩余的头发向上打卷，在后发区偏右侧的位置固定。

在右侧发区至额头的位置佩戴饰品，装饰造型。

在后发区佩戴饰品，与之前佩戴的饰品相互衔接。

BRIDE HAIRSTYLE

典雅新娘
晚礼发型

ONE HUNDRED

在此款造型中，后发区左右两侧的头发最后
要用隐藏的发卡固定在一起，使其呈现饱满
的轮廓。

01 将刘海区的头发向上提拉,扭转并向前推,隆起一定的高度后固定。

02 将左侧发区的头发向上提拉并扭转,在刘海区的头发后方固定好。

03 将右侧发区的头发向上提拉,扭转并固定。

04 将后发区左侧的头发扭转,向上提拉并固定。

05 将剩余的头发扭转后向上提。

06 将后发区左右两侧的头发固定在一起。

07 在头顶位置佩戴饰品,装饰造型。将饰品两侧的缎带在后发区下方系蝴蝶结。

08 在后发区佩戴花朵饰品,装饰造型。

打造此款造型时，要将头发向一侧编发后将
发尾收起并固定。固定之后将发尾做调整，
使其呈现一定的层次感，从而与造型花更好
地结合。

STEP BY STEP

在左右两侧发区取头发，相互交叉。

继续向下用三股两边带的手法编发，将部分头发收拢。

将后发区下方剩余的头发编入辫子中。

将编好的头发在后发区左侧向上打卷并固定。

固定之后将头发抽出发丝，使其具有一定的层次感。

在头顶左侧佩戴造型花，装饰造型。

继续佩戴造型花，使整个造型呈现饱满的感觉。

造型完成。

在此款造型中，偏向右侧的发丝要层次自然，不必将其处理得过于蓬松凌乱，可以保留一些随意感在其中。

01

将左侧发区的头发向上提拉，扭转并固定。

02

将剩余的发尾在后发区横向扭转后固定。

03

将后发区左侧的头发横向扭转后固定。

04

继续将后发区下方的头发向上提拉，扭转后固定。

05

将后发区的头发用尖尾梳倒梳，使其更具有层次感。

06

将倒梳好的头发向右侧发区提拉并固定。

07

将刘海区的头发向上翻卷并固定。注意刘海翻卷的弧度要与下方的头发协调。

08

在头顶偏左侧的位置佩戴饰品，装饰造型。

打造此款造型时，将刘海区的头发固定后会使右侧的造型显得生硬突兀，用后发区的头发向前修饰刚好可以弥补这个缺陷，并且使造型轮廓更加饱满、自然。

STEP BY STEP

01 将刘海区的头发向右侧梳理得平滑干净。

02 将刘海区的头发从后向前扭转并固定。

03 将剩余的发尾进行扭转，在后发区固定。

04 将剩余的头发从后向右前方提拉并向上翻卷。

05 将翻卷好的头发向上提拉至刘海区上方。

06 将头发固定并对层次做调整。

07 在刘海区右侧佩戴饰品，装饰造型。

08 在饰品的基础上将网纱抓出褶皱和层次，装饰造型。

BRIDE HAIRSTYLE

俏丽新娘
晚礼发型

ONE HUNDRED

打造此款造型时，将头发在头顶位置固定后，
为使其轮廓不生硬，可以用最后固定的头发
的发丝对其做修饰，使造型更加自然。

01 将刘海区的头发向后提拉，扭转并固定。

02 将固定好的头发向前打卷，对额头位置进行适当遮挡并在头顶固定。

03 取部分左侧发区的头发，抓出层次，在刘海区的头发后方固定。

04 继续将左侧发区剩余的头发整理出层次，向上固定。

05 固定之后将头发抽丝，使其更具有层次感。

06 将右侧发区的头发扭转，打卷后向上固定。

07 固定之后将头发抽撕，使其更具有层次感。

08 将后发区剩余的头发向上提拉并扭转。

09 将扭转好的头发在头顶位置固定。

10 在额头位置佩戴饰品，装饰造型。

此款造型中，两侧保留的发丝要自然卷烫，
垂落的发丝和有空气感的刘海相互结合，使
整体造型显得更加清新俏丽。

01 用电卷棒将刘海区的头发向下扣卷。

02 在两侧发区取发丝，用电卷棒烫卷。

03 将左侧发区的头发用两股扭绳的形式在后发区编发。

04 将右侧发区的头发用两股扭绳的形式向后发区编发。

05 边编发边带入剩余的头发。

06 将编好的头发适当扭转后在后发区固定。

07 在后发区右侧取头发，与两侧发区的发尾结合扭转后在后发区固定。

08 将后发区右侧的头发向后发区左侧提拉并扭转。

09 扭转好之后将发尾进行打卷，在后发区左侧固定。

10 将后发区剩余的头发从后发区左侧向上提拉并扭转。

11 将扭转好的头发固定。

12 在头顶位置佩戴饰品，装饰造型。

此款造型虽然将头发向上盘起，但盘起的头发具有丰富的层次感，同时搭配空气感的刘海，整体造型具有俏丽的感觉。

01 在头顶位置取头发，向上提拉并扭转。

02 将扭转好的头发固定并保留一些发丝层次。

03 在右侧发区取头发，向上提拉并扭转。

04 将扭转好的头发在头顶位置固定。

05 将右侧发区剩余的头发向上提拉并扭转，在头顶位置固定。

06 将左侧发区的头发向头顶位置提拉并扭转。

07 将扭转好的头发在头顶位置固定，使其形成饱满的轮廓。

08 在后发区上方取头发，向上提拉并扭转，在头顶位置固定。

09 在后发区下方取头发，在头顶位置固定。

10 将后发区剩余的头发向上提拉，打卷并固定。

11 在头顶位置佩戴饰品，装饰造型。

12 在后发区佩戴饰品，装饰造型。

俏丽新娘
晚礼发型

此款造型主要通过饰品来塑造造型的俏丽感。
将网纱与饰品相互结合，搭配简约风格的造
型，可以使整体造型更具有俏丽的美感。

01 将刘海区中分，对不容易顺应分发区走向的头发可以用发卡临时固定。

02 将左侧发区的头发从后发区向右扭转并固定。

03 将右侧发区的头发从后发区向左扭转并固定。

04 将后发区左侧的头发向右侧扭转并固定。

05 将后发区右侧的头发向左侧扭转并固定。

06 将后发区剩余的头发向上提拉，扭转并固定。

07 在额头位置佩戴饰品，装饰造型。

08 在头顶位置佩戴饰品，装饰造型。

09 在左侧发区佩戴网眼纱，装饰造型，对面部适当遮挡。

10 将造型纱抓出层次，在头顶固定。

BRIDE HAIRSTYLE

高贵新娘
晚礼发型

ONE HUNDRED

此款造型中，大气的红色水晶皇冠搭配简约
干净的后盘造型，更显高贵大气。注意刘海
区的翻卷弧度要自然流畅。

01 将右侧发区的头发向后发区方向扭转并固定。

02 将刘海区的头发从右侧发区向上翻卷。

03 将翻卷好的头发在后发区固定。

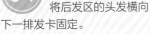

04 将后发区的头发横向下一排发卡固定。

05 从后发区右侧取头发，向上翻卷并固定。

06 从后发区下方取头发，向上翻卷。

07 将翻卷好的头发收紧并固定。

08 将后发区左侧剩余的头发向右上方提拉并扭转。

09 将扭转好的头发固定，使后发区轮廓饱满。

10 在头顶位置佩戴皇冠，装饰造型。

BRIDE HAIRSTYLE

高贵新娘
晚礼发型

ONE HUNDRED

此款造型的主体是向上盘起的造型轮廓，用
有层次感的刘海对饰品进行修饰，整体造型
在高贵中不失唯美。

01 用尖尾梳将刘海区及部分两侧发区的头发进行倒梳。

02 将倒梳好的头发调整出层次，向前推并固定。

03 从顶区取头发，向下进行三股辫编发。

04 将编好的头发向顶区打卷。

05 将打卷好的头发在顶区固定。

06 将后发区右侧的头发斜向上提拉并扭转。

07 将扭转好的头发固定。

08 将剩余的发尾提拉到顶区，调整层次并固定。

09 将后发区左侧的头发向右上方提拉，扭转并固定。

10 固定之后将发尾调整出层次，在头顶位置继续固定。

11 在头顶位置佩戴饰品，装饰造型。

此款造型呈现出收紧的感觉，光滑干净。刘海的弧度要优美自然，高贵中带有俏丽的美感。

01 将刘海区的头发向下扣卷。

02 将扣卷好的头发斜向右上方提拉后固定。

03 将顶区的头发从后向前打卷，将打好的卷适当扭转后固定。

04 将右侧发区的头发向上提拉并扭转。

05 将扭转好的头发在刘海区后方固定。

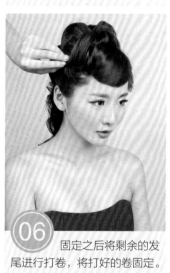

06 固定之后将剩余的发尾进行打卷，将打好的卷固定。

07 将左侧发区的头发向上提拉，扭转并固定。

08 固定之后将剩余的发尾向后打卷并固定。

09 将后发区的头发向上提拉并扭转。

10 将扭转好的头发固定。

11 固定之后将剩余的发尾打卷并固定。

12 在刘海左后方佩戴饰品，装饰造型。

此款造型中，要将头发向上盘起的同时，头顶有层次感的发丝与光滑而有弧度的刘海相互结合，整体造型在高贵中带有华丽的妩媚感。

STEP BY STEP

01 将刘海区的头发向下做出弧度，然后固定。

02 将左侧发区的头发向上提拉，扭转并固定。

03 在后发区左侧取部分头发，向上提拉，扭转并固定。

04 将右侧发区的头发向上提拉，扭转并固定。

05 在后发区上方取部分头发，向上提拉，扭转并固定。

06 继续从后发区取头发，向上提拉，扭转并固定。

07 固定之后将顶区的头发调整出层次感，使顶区造型更加饱满。

08 将后发区剩余的头发进行三股辫编发。

09 将编好的头发向上提拉并固定。

10 在左侧额头上方佩戴饰品。

11 在刘海右侧佩戴饰品，装饰造型。

此款造型没有通过过多的造型结构表现，技巧的运用反而更加重要。操作时要注意发胶的使用方法，以实现对轮廓感、层次感及发丝走向的塑造。

01 将刘海区的头发暂时固定，用电卷棒将头发烫卷。

02 将头发进行倒梳，增加发量和层次感。

03 将后发区的头发进行倒梳，使头发靠近发尾的位置更加蓬松、有层次。

04 将左侧发区的头发进行倒梳，增加发量和衔接度。

05 对头发进行喷胶定型。

06 在喷完发胶且发胶未干时要快速用手抓头发，使其更加蓬松、有弹性。

07 用手托住头发，继续喷胶定型，使造型具有一定的体积感。

08 将刘海区的头发打开。

09 将刘海区的头发向上提拉并倒梳。

10 用尖尾梳将倒梳好的头发调整出层次。

11 对头发进行喷胶定型。

12 在头顶位置佩戴皇冠，装饰造型。

处理此款造型要注意发丝层次的处理，需要
利用尖尾梳倒梳并调整层次，同时要注意造
型整体轮廓的饱满度。

01 将刘海区的头发向后梳理出层次，将右侧发区的头发向后扭转。

02 将扭转后的头发向上提拉至顶区后固定。

03 将顶区的头发向上提拉，扭转并固定。

04 将剩余的发尾打卷后继续在顶区固定。

05 将左侧发区的部分头发向上提拉后固定。

06 用尖尾梳将发尾进行倒梳，使其更有层次感。

07 将左侧发区剩余的头发向上提拉并倒梳，扭转后固定好。

08 将后发区剩余的头发进行倒梳。

09 将倒梳好的头发喷胶定型，然后向上固定。

10 在头顶位置佩戴饰品，装饰造型。

11 在饰品两侧佩戴永生花，装饰造型。

当日新娘中式发型

BRIDE HAIRSTYLE
喜庆旗袍
新娘发型
ONE HUNDRED

此款造型中，要用刘海区的头发适当对后发区的头发进行遮挡，使造型呈现饱满而简约的美感。

01 将左侧发区的头发向后扭转并固定。

02 将右侧发区的头发向后扭转并固定。

03 将顶区的头发向上提拉并倒梳。

04 将顶区的头发隆起一定的高度后固定。

05 从后发区左侧取头发，向上提拉，打卷并固定。

06 从后发区取头发，向上打卷并固定。

07 从后发区右侧取头发，向上打卷并固定。

08 继续从后发区取头发，向上打卷并固定。

09 继续将后发区下方的头发向上提拉，打卷并固定。

10 将后发区剩余的头发向上打卷并固定。

11 用尖尾梳调整刘海区和左右两侧发区的头发的层次，适当对后发区进行修饰。

12 在后发区佩戴饰品，装饰造型。

此款造型中，后发区的打卷使造型轮廓更加
饱满，饰品的装饰在增加造型立体感的同时，
使造型更具古典美感。

STEP BY STEP

01 将左侧发区的头发在后发区扭转并固定。

02 将右侧发区的头发在后发区扭转并固定。

03 将假发片在后发区中间位置固定。

04 将后发区左侧的头发扭转后对假发片进行包裹。

05 继续在后发区固定假发片。

06 在后发区右侧取头发，在假发片基础上进行打卷。

07 继续在后发区取头发，向上打卷并固定。

08 将后发区右侧的头发向上打卷并固定。

09 将后发区左侧的头发向上打卷并固定。

10 在假发片中分出一片头发，向上打卷并固定。

11 继续从假发片中分出一片头发，向上打卷并固定。

12 将假发片中最后一片头发向上固定。

13 将剩余的发尾打卷并固定。

14 在后发区佩戴饰品，装饰造型。

BRIDE HAIRSTYLE
喜庆旗袍
新娘发型
ONE HUNDRED

刘海区的头发的上翻卷是此款造型的重点。
在翻卷的时候要注意固定的位置,因为固定
的位置决定了刘海区的造型结构是否能呈现
饱满大气的感觉。

01 用尖尾梳将刘海区的头发向左侧梳理。

02 将梳理好的刘海隆起一定高度后进行翻卷。

03 将翻卷好的头发在左侧发区固定好。

04 在后发区的左侧取头发，向上翻卷。

05 将翻卷好的头发固定。

06 从后发区右侧取头发，向左扭转并固定。

07 将剩余的头发在后发区的左侧打卷。

08 在左侧发区佩戴饰品，装饰造型。

此款造型更加注重两侧发区的造型轮廓感，
在摆放造型结构的时候要注意观察造型结构
在两侧所呈现的弧度，使整体造型更加协调。

STEP BY STEP

01 将刘海区的头发向左
侧梳理。

02 将梳理好的头发向上
打卷并固定。

03 将左侧发区的头发进
行打卷。

04 将打好的卷固定。

05 将后发区左侧的头发
向右打卷。

06 将打好的卷在后发区
下方固定。

07 将右侧发区的头发进
行打卷并固定。

08 将后发区剩余的头发
向右打卷。

09 将打好的卷在后发区
下方固定。

10 在左侧发区佩戴饰品，
装饰造型。

此款造型中，在对两侧刘海区的头发进行固
定的时候可用尖尾梳适当按压，除了可以使
头发更伏贴，还有助于调整头发的走向。

01 将后发区的头发在头顶位置扎马尾。

02 将扎好的马尾在后发区打卷并固定。

03 将右侧发区的头发向上提拉并倒梳。

04 将倒梳好的头发提拉，扭转并固定。

05 将左侧发区的头发向上提拉并倒梳。

06 将倒梳后的头发在头顶位置固定。

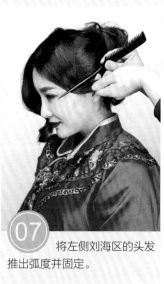

07 将左侧刘海区的头发推出弧度并固定。

08 将右侧刘海区的头发推出弧度并固定。

09 在头顶位置佩戴饰品，装饰造型。

10 在左侧发区佩戴饰品，装饰造型。

11 在头顶位置佩戴饰品，装饰造型。

12 在后发区右侧佩戴饰品，装饰造型。

在处理每一款造型之前，要对饰品如何佩戴有一定的了解，这样可以使造型更好地满足饰品的佩戴需要。此款造型的顶区发包就是为佩戴饰品所设计的造型结构。

01 将顶区的头发向上提拉并倒梳。

02 将顶区的头发向后打卷并向前推，隆起后固定。

03 将左侧发区的一部分头发在后发区打卷并固定。

04 将右侧发区的一部分头发在后发区打卷并固定。

05 将两侧发区的头发在后发区收紧并固定。

06 将后发区的头发进行三股辫编发。

07 将编好的头发向上提拉，打卷并固定。

08 将右侧发区剩余的头发进行三带一编发。

09 边编发边向后发区方向调整角度。

10 将编好的头发在后发区打卷并固定。

11 将左侧发区剩余的头发进行三带一编发。

12 边编发边向后发区方向调整角度。

13 将编好的头发在后发区固定。

14 在头顶位置佩戴饰品，装饰造型。

15 在后发区佩戴饰品，装饰造型。

龙凤褂
新娘发型

此款造型简约自然，因为新娘刘海区的头发
较短，两侧发区的饰品除了起到装饰造型的
作用，还起到了固定头发的作用。

01 将右侧发区的头发向后发区方向扭转并固定。

02 将左侧发区的头发向后发区方向扭转。

03 将扭转好的头发在后发区固定。

04 将后发区右侧的头发向左侧扭转。

05 将扭转好的头发在后发区左侧固定。

06 将后发区左侧的头发向右侧扭转。

07 将扭转好的头发在后发区右侧固定。

08 从后发区剩余的头发中取一部分，扭转并向后发区左侧提拉。

09 将头发在后发区左侧打卷并固定。

10 将剩余的头发扭转，提拉至后发区右侧。

11 将头发在后发区右侧打卷并固定。

12 在后发区和在两侧发区分别佩戴饰品，装饰造型。

BRIDE HAIRSTYLE

龙凤褂
新娘发型

ONE HUNDRED

此款造型在额头处的辫子上方会显得比较空，
刚好可以用饰品进行修饰，这样不但弥补了
缺陷，还使造型更加完美。

01 将顶区的头发进行三股辫编发。

02 将编好的头发在额头位置盘绕并固定。

03 将左侧发区的头发进行三股辫编发。

04 将编好的头发盘绕在头顶位置并固定。

05 将右侧发区的头发进行三股辫编发。

06 将编好的头发在头顶位置固定。

07 将后发区的头发向上翻卷并固定。

08 将后发区左侧剩余的头发向上打卷并固定。

09 将后发区右侧剩余的头发向上打卷并固定。

10 在头顶位置佩戴饰品，装饰造型。

11 在后发区左右两侧佩戴饰品，装饰造型。

12 在后发区中间位置佩戴饰品，装饰造型。